Sitzungsberichte
der Heidelberger Akademie der Wissenschaften
Mathematisch-naturwissenschaftliche Klasse
Jahrgang 1928. 3. Abhandlung.

Untersuchungen über die Entstehung amöbenähnlicher Zellen aus absterbenden Infusorien

I. Entstehung, Morphologie und Züchtung der Autoplasmen

Von

Hugo Merton
in Heidelberg

Mit 6 Abbildungen

Vorgelegt von Herrn Curt Herbst in Heidelberg
(18. April 1928)

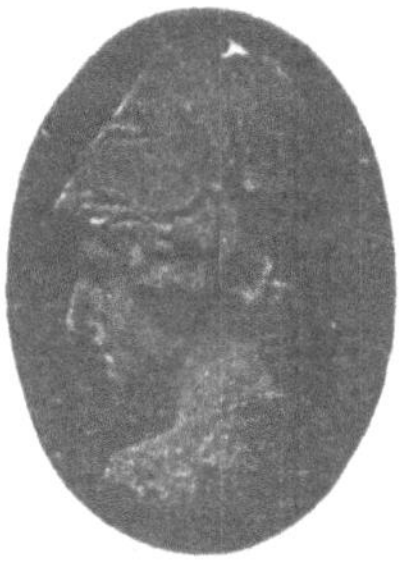

Berlin und Leipzig 1928
Walter de Gruyter & Co.
vormals G. J. Göschen'sche Verlagshandlung / J. Guttentag, Verlagsbuchhandlung / Georg Reimer / Karl J. Trübner / Veit & Comp.

Untersuchungen über die Entstehung amöbenähnlicher Zellen aus absterbenden Infusorien.

Einleitung.

Untersuchungen an Flimmer- und Samenzellen, die mich seit einer Reihe von Jahren beschäftigen[1]), waren für mich der Anlaß, mich auch den bewimperten einzelligen Organismen, den Infusorien, zuzuwenden. Bei den Metazoenzellen mit aktiver Bewegung war es mein Ziel, zu ermitteln, ob besondere Bestandteile ihres Zelleibs für das Zustandekommen der Bewegungen verantwortlich zu machen seien. Auf Grund mannigfacher Versuchsreihen bin ich dabei zu dem Ergebnis gekommen, daß diese Bewegungen in einem besonderen Plasma, welches in diesen Zellen enthalten ist, entstehen, das gleichzeitig auch die Bewegungen ausführt. Es gelingt durch Untersuchung geeigneter Stadien der Samenzellen bzw. geeigneter Behandlung der Flimmerzellen, dieses Kinoplasma sichtbar zu machen, das sich u. a. durch eine höhere Vitalität auszeichnet; denn es ist möglich, dieses besondere Plasma über den Tod der betreffenden Zelle hinaus am Leben zu erhalten. Die bei diesen Untersuchungen angewandten Methoden, die nur an lebenden Zellen ausgeführt wurden, bestanden einmal in der Beobachtung der betreffenden Objekte unter möglichst natürlichen Bedingungen bis zu ihrem Tode, sodann in der Einwirkung verschiedener Salzlösungen.

Es war von vornherein klar, daß bei Infusorien, bezüglich der Sichtbarmachung eines Kinoplasmas als Substrat der Flimmerbewegung, durch Verwendung verschiedener Salze nicht ohne weiteres mit einem Erfolge zu rechnen sei. Sind doch schon viele Versuche mit den verschiedensten Salzen namentlich an Paramaecien ausgeführt worden, die wohl bezüglich der Plasmastruktur, der Viskosität des Plasmas und anderer Erscheinungen interessante Ergebnisse gezeitigt haben, die aber über den von mir aufgeworfenen Fragenkomplex, soviel mir bekannt, keinerlei Beobachtungen gebracht haben. Auch eine zweite, schon oft bei Infusorien angewandte Methode, nämlich der Pressung mit

[1]) Siehe Zeitschr. f. Anat. u. Entw. 83, 27, und Zeitschr. f. Zellforsch. u. mikr. Anat. 5, 27, wo die übrigen Arbeiten zitiert sind.

darauffolgender Beobachtung der Zerfallserscheinungen schien wenig erfolgversprechend, da man bei der im Vergleich zur Metazoenzelle viel komplizierteren Struktur der Infusorienzelle, bei dem Sichtbarwerden dieses oder jenes Bestandteiles kaum eine Gewähr dafür hat, daß das betreffende Element auch tatsächlich dasjenige ist, das man gesucht hat. Somit schien der gangbarste Weg der zu sein, der sich auch bei Untersuchung der Flimmer- und Samenzellen sehr bewährt hat, der Untersuchung der betreffenden Infusorien unter im wesentlichen natürlichen Bedingungen. Freilich liegen die Verhältnisse bei den Infusorien insofern anders, als bei isolierten Metazoenzellen, selbst wenn es frei bewegliche Spermien sind, die Lebensdauer unter optimalen Bedingungen nur begrenzt ist. Halten wir dagegen Infusorien unter optimalen Bedingungen, so werden sie schnell heranwachsen und sich teilen. Damit ist uns aber nicht gedient. Wir müssen also für unseren Zweck die Bedingungen etwas ungünstiger gestalten, etwa so, daß die Infusorien eine Reihe von Tagen am Leben bleiben, sich möglichst nicht vermehren, dagegen nach einiger Zeit langsam absterben. Hierbei ergeben sich folgende drei naheliegende Möglichkeiten: entweder man verringert die Sauerstoffzufuhr oder man verringert die zur Verfügung stehende Nahrung oder schließlich man verändert das Kulturwasser derart, daß man es verdünnt oder konzentrierter macht unter gleichzeitiger Berücksichtigung des pH.

Diese Wege sind nun in mannigfachen Abstufungen und verschiedener Kombination großenteils beschritten worden und haben, wie gleich hier bemerkt sei, zu ganz überraschenden und andersartigen Resultaten geführt, als erwartet wurde. Dadurch wurde auch die ganze Problemstellung bis zu einem gewissen Grade verschoben. Die hier gegebene Einleitung, soweit sie das Kinoplasma betrifft, ist trotzdem insofern gerechtfertigt, als sie zeigen soll, daß diese Untersuchungen im Sinne der früheren Ergebnisse an sich planmäßig in Angriff genommen wurden. Bezüglich der Resultate haben denn auch diese Untersuchungen an Infusorien mit denen an Flimmer- und Samenzellen das gemein, daß sich auch im Zelleib der Infusorien ein besonderes Plasma nachweisen ließ, das an Vitalität die übrigen Bestandteile der Zelle weit übertrifft. Aber dieses Plasma, das isoliert werden kann und in selbständiger Form, ausgestattet mit einem Kern, weiterzuleben vermag, ist insofern von dem Kinoplasma der Flimmer- und Samenzellen verschieden, als es wohl ausschließlich aus dem Entoplasma hervorgeht; vermutlich besteht keine direkte Beziehung zwischen ihm und dem eigentlichen Substrat der Flimmerbewegung. Die Frage nach dem Kinoplasma der Infusorien soll einer künftigen Untersuchung vorbehalten bleiben. Hier aber wollen wir uns mit diesem anderen entoplasmatischen Bestandteil der Infusorienzelle beschäftigen, der über den Tod des betreffenden Individuums hinaus selbständig weiterzuleben vermag.

Es folgen hier zunächst die Untersuchungsresultate, die an verschiedenen Objekten: *Vorticella campanula*, *Paramaecium caudatum* und *Cyclidium glaucoma* gewonnen wurden. Daran anschließend sollen die Einzelergebnisse zusammengefaßt und näher charakterisiert werden.

Versuche mit Vorticella.

Die ersten Versuche wurden in der zweiten Hälfte Oktober 1927 mit Vorticellen (*Vorticella campanula*) ausgeführt, die einer etwa einen Monat alten Kultur entnommen wurden. Eine Anzahl Vorticellen kamen zusammen mit Euglenen, die sich auch in der Kultur befanden, in einen hängenden Tropfen, der mit Paraffinum liquidum abgedichtet wurde. Das Präparat wurde vorsichtshalber in einer feuchten Kammer und bei einer durchschnittlichen Zimmertemperatur von 18° C. aufbewahrt. Bei täglicher Durchmusterung der Präparate wurden nach sechs Tagen zum erstenmal absterbende Vorticellen beobachtet. In einer zerfallenden Vorticelle saß ein amöbenähnliches Gebilde, das Protoplasmabewegungen ausführte und in dem eine kontraktile Vakuole zu erkennen war. Da ich bisher keinerlei Amöben in dem Präparat beobachtet hatte — es befand sich allerdings etwas Detritus in dem Tropfen —, wurde der Verdacht wach, daß diese Gebilde aus dem Innern der Vorticelle stammen könnten. Ich dachte zuerst an eine parasitische Amöbe, obwohl über ein derartiges Vorkommen nichts bekannt zu sein scheint. An diesem und am folgenden Tage konnte ich an anderen absterbenden Vorticellen den gleichen Vorgang wiederholt beobachten.

An den absterbenden Vorticellen war folgendes zu sehen: Das Cortikalplasma der Vorticelle löst sich auf, der wurstförmige Makronucleus stirbt ab und nimmt einen gelblichen Farbton an, und in dem körnig zerfallenden Entoplasma sind ein oder zwei abgegrenzte Körper zu erkennen, die erst unbeweglich sind (Abb. 1 a), dann aber ihre ganze Umgebung in Bewegung versetzen und zunächst spitz ausgezogene, dann auch schmal fingerförmige Fortsätze aussenden (Abb. 2 b und c), sie wieder einziehen und neue ausbilden und durch diese wechselnde Gewichtsverteilung dauernd ihre Lage etwas verändern. Allmählich arbeiten sie sich aus der Zerfallsmasse heraus. Sie haben durchaus das Aussehen von Amöben, die mit wenigen langen Fortsätzen versehen sind und deren Plasma einen ziemlichen Festigkeitsgrad besitzt, was neben der starken Lichtbrechung aus der Starrheit der Pseudopodien, die auch eine hakenförmige Gestalt annehmen können, hervorzugehen scheint.

Das wechselnde Vorstrecken und Einziehen der Pseudopodien ist etwa eine halbe Stunde oder etwas länger zu beobachten, ohne daß eine merkliche Ortsbewegung damit verbunden wäre; dann aber verändert sich das Bild, indem nun ein dünnflüssiges, sehr durchsichtiges Plasma sichtbar wird, das zunächst nach verschiedenen Seiten in breiten Lobopodien vorfließt, die ständig ihre Gestalt verändern. — Allmählich konzentrieren sich diese Lobopodien auf einer Seite, bis schließlich ein fächerförmig ausladendes Lobopodium entsteht (Abb. 4 d). Damit haben diese amöbenartigen Körper ihre endgültige Form angenommen. Das ganze Gebilde hat nunmehr das Aussehen eines mehr oder weniger geöffneten Fächers, wobei das stärker lichtbrechende und festere Plasma den Winkel des sich verjüngenden Fächers einnimmt, während das dünnflüssige Plasma der Fahne des Fächers entspricht. Während diese Gebilde bisher in der Zeit des Herausarbeitens aus dem Vorticellenleib und dem Stadium der starren Pseudopodienbildung ungefähr an derselben Stelle verblieben sind, ermöglicht ihnen nunmehr die Ausbildung des Lobopodiums frei herumzukriechen.

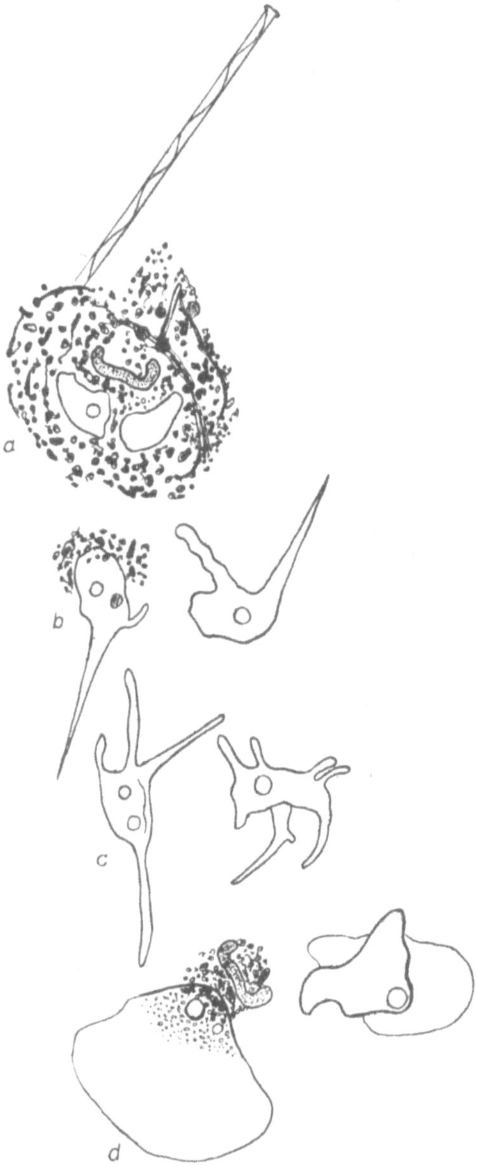

Abbildung 1.
Die Entstehung zweier Vorticellenautoplasmen in vier aufeinanderfolgenden Phasen. Der Vorgang spielt sich innerhalb einer Stunde ab.

Das lobopodiale Plasma hat ausschließlich lokomotorische Funktionen, wir nennen es

Bewegungsplasma, und ist bei der Vorwärtsbewegung immer nach vorn gerichtet; es enthält keinerlei Inhaltskörper, ist also vollkommen homogen und beschreibt mit seinem Vorderrand den Bogen eines Kreissektors, dessen Winkel durchschnittlich 130° beträgt. Der Vorderrand selbst verläuft entweder ganz gleichmäßig oder besitzt kleine Ein- und Ausbuchtungen, die durch die Vorwärtsbewegungen dieses Plasmas zustande kommen. Die seitlichen Begrenzungen verlaufen mehr oder weniger gerade und konvergieren nach dem Hinterende zu. Der ganze Körper bewegt sich fließend vorwärts, ohne daß irgendwelche Strömungen in dem homogenen Plasma wahrzunehmen wären und ohne daß irgendwelche wesentlichen Gestaltsveränderungen dabei vorkommen. Da das Bewegungsplasma nur einseitig dem Körper ansitzt, so sind auch nur Bewegungen nach der Seite des Bewegungsplasmas hin möglich, die entweder gradlinig verlaufen, wie das meistens der Fall ist, oder es kann durch stärkere lobopodialeVorwölbungen auf der rechten oder der linken Seite des Körpers ein Umbiegen nach rechts oder links zustande kommen. Ein Herüberfließen des Bewegungsplasmas auf die Hinterseite des Körpers kommt dagegen nicht vor, da das Bewegungsplasma nicht allseitig den Körper umgibt, sondern ihm nur einseitig ansitzt.

Das festere Ernährungsplasma, wie wir es nennen wollen, sitzt dagegen stets in dem nach hinten gerichteten, sich etwa dreieckig verjüngenden Teil des Körpers. Von seinem stärkeren Lichtbrechungsvermögen und seiner höheren Viskosität war schon die Rede; seine Festigkeit kommt auch durch seine im Normalzustand ziemlich unveränderten Konturen zum Ausdruck. Dieses Ernährungsplasma enthält allerlei verschieden geformte Einschlußkörper; eigentliche Nahrungsvakuolen konnten nicht erkannt werden. Dagegen fällt eine größere helle Vakuole auf, die, während sie wächst, einige kleinere Bläschen (oder eine größere Blase), die in dem Nahrungsplasma verteilt sind, in sich aufnimmt und schließlich ihren Inhalt ausstößt. Vielfach entsteht diese kontraktile Vakuole ganz nahe der Grenze der beiden Plasmaarten, erreicht auch dort noch beinahe ihre endgültige Größe, um sich erst dann dem Hinterende des Ernährungsplasmas zu nähern, wo sie ausgestoßen wird. Kurz vor der Ausstoßung wölbt sich die Vakuole etwas über die Oberfläche vor. Direkt nach Austritt des Vakuoleninhalts sieht das Plasma an der Austrittsstelle gefranzt aus. Ausnahmsweise können zwei solcher Vakuolen allmählich heranwachsen, die sich aber dann alternierend kontrahieren. Die Kontraktionen erfolgen in einem Abstand von 3 Min. 30 Sek. Entoplasmakörper, die mehr als zwei große Vakuolen enthalten, sind nicht mehr als normal zu bezeichnen. Vielfach hat dann gleichzeitig auch das Bewegungsplasma ein anderes Aussehen angenommen, indem an seinem Rande oder nahe demselben stärker lichtbrechende Partien auftreten. Von diesem Zustand können sich die Körper wieder erholen.

Da sich diese aus dem Entoplasma der Vorticellen hervorgegangenen Gebilde ganz und gar wie selbständige Organismen verhalten, indem sie sich frei bewegen, ihr Stoffwechsel dem der Vorticellen offenbar sehr ähnlich ist und sie, wie wir noch sehen werden, sich auch durch Teilung fortpflanzen können, so wollen wir sie vorläufig als Autoplasmen bezeichnen und dadurch zum Ausdruck bringen, daß es sich hier um selbständig gewordene Teile der Vorticellen handelt, die aber in ihrem Aussehen von ihnen durchaus verschieden sind. Namentlich in der ersten Woche ihres Daseins fallen fast alle Autoplasmen durch allerlei Detritus auf, der am Ernährungsplasma sitzt und so an Menge zunehmen kann, daß ein ganzer Detritusschwanz entsteht, der u. a. Vorticellenmakronuclei und Vorticellenstiele enthält und der an Länge das Autoplasma übertreffen kann (Abb. 1 d). Bei der Vorwärtsbewegung wird dieser Schwanz nachgeschleppt. Bei den späterhin im gleichen Präparat beobachteten Autoplasmen klebten nur noch einzelne kleine Körper an der Oberfläche des Ernährungsplasmas.

Da nach den ersten Beobachtungen über die Entstehung der Autoplasmen noch eine Anzahl Vorticellen weiterlebten, so ließ sich in dem gleichen Präparat an den folgenden Tagen der Prozeß der Autoplasmabildung wiederholt beobachten. Ob immer zwei Autoplasmen aus einer Vorticelle hervorgehen oder gelegentlich nur eine, war infolge des störenden Detritus, an dem die Vorticellen saßen, nicht einwandsfrei zu ermitteln. Manchmal saßen sogar drei Autoplasmen in dem Detritus so dicht beisammen, daß es den Eindruck machte, sie seien alle drei aus einer Vorticelle entstanden. Möglich, daß sich ein Autoplasma noch während seiner Entstehung geteilt hat und dadurch schon drei Autoplasmen im Status nascendi sichtbar werden. Für die zwei Autoplasmen möchte ich diese Möglichkeit ausschließen; ihre Entstehung in der Zweizahl scheint mir die Regel zu sein.

Die Entstehung der Autoplasmen ist, wie wir sahen, mit einem teilweisen Zerfall der Vorticellen verbunden. Es zerfällt das gesamte Cortikalplasma und ein Teil des Entoplasmas sowie der Makronucleus; der Mikronucleus scheint dagegen von den Autoplasmen übernommen zu werden. Der Tod des Cortikalplasmas ist zunächst schon daran kenntlich, daß saprophytische Flagellaten und Bakterien sich vor ihm ansammeln, noch während die Autoplasmabildung im Gang ist; das lebende Autoplasma wirkt dagegen auf sie nicht chemotaktisch. Daß der ganze Makronucleus bei diesem Vorgang abstirbt, ist schon oben erwähnt worden, den Mikronucleus sieht man indessen nicht unter den Leichenteilen, und da die Autoplasmen entsprechend jenen bei Paramaecien und Cyclidien einen kleinen Kern enthalten dürften, so muß er schon von dem Mikronucleus abstammen. Da die Autoplasmagenese bei Vorticellen nur an zwei Präparaten beobachtet werden konnte, die bis zu ihrem Ende verfolgt werden sollte, so bestand keine Möglichkeit, sie zu fixieren und zu färben. Trotzdem scheint mir der Analogieschluß berechtigt, daß auch die Vorticellenautoplasmen einen Kern besitzen. Es wäre wohl sonst kaum möglich gewesen, sie etwa einen Monat lang am Leben zu erhalten; auch würden sie sich nicht wiederholt geteilt haben, wenn sie nicht im Besitze eines Kernes gewesen wären.

Von den beiden Präparaten mit Autoplasmabildung trocknete das eine leider infolge eines Mißgeschicks nach wenigen Tagen ein. Das zweite enthielt Autoplasmen vom 25. Oktober bis 30. November. Am 1. November lebte nur noch eine Vorticelle im Präparat, alle übrigen waren zerfallen und die Zahl der Autoplasmen war auf 32 angewachsen. Am 12. November erreichte die Autoplasmabildung ihren Höhepunkt mit 59 Individuen. Von dann ab nahm die Zahl zusehends ab, und am 30. November waren alle Autoplasmen verschwunden. Abgesehen davon, daß die Höchstzahl der Autoplasmen die der Vorticellen meiner Schätzung nach um das Dreifache übertraf, konnten auch wiederholt Teilungsstadien, in größerer Zahl vor allem am 12. November beobachtet werden. Außerdem können diese Angaben bei Vorticellen durch viel exaktere Beobachtungen über die Vermehrung der Paramaecienautoplasmen noch ergänzt werden. Das Absterben der Autoplasmen erfolgte offenbar infolge ungünstiger Veränderungen des Milieus und hätte, wie ich jetzt weiß, durch Zusatz frischen Wassers vermieden werden können. — Weitere 21 Lebendpräparate, im Laufe des November und Dezember aufgestellt, teils auf die gleiche Art und Weise behandelt, teils etwas abgeändert, verliefen vollkommen resultatlos.

Versuche mit Paramaecien.

Es erschien wichtig, die an Vorticellen gewonnenen Resultate durch entsprechende Untersuchung anderer Infusorien einer Nachprüfung zu unterziehen. Zu diesem Zweck wurden mit *Paramaecium caudatum* und *Cyclidium glaucoma* Versuche angestellt, die in mannigfacher Weise variiert wurden. Hierbei ist es gelungen, auch bei diesen beiden Formen eine Anzahl positiver Resultate zu erzielen, die prinzipiell mit jenen bei *Vorticella* übereinstimmen und somit diese ersten Befunde sicherstellen und nach verschiedenen Richtungen hin ergänzen können. Leider war es bisher noch nicht möglich, eine sichere Methode zur Erzielung positiver Resultate ausfindig zu machen. Da aber die Möglichkeit zur Abänderung der Versuchsbedingungen nach verschiedenen Richtungen hin offen bleibt, so besteht noch die Aussicht, bei künftigen Versuchen zu einer größeren Zahl positiver Ergebnisse zu gelangen.

Die zehn ersten Lebendpräparate mit Paramaecien, in der ersten Hälfte November 1927 angelegt, ergaben drei positive, weitere 71 Präparate in der Zeit von Mitte November bis Ende Januar 1928 nur drei positive Resultate. Die möglichen Ursachen für das häufige Versagen der Versuche sollen nachher besprochen werden. Hier folgen zunächst einige Protokollauszüge über positiv gelungene Versuche.

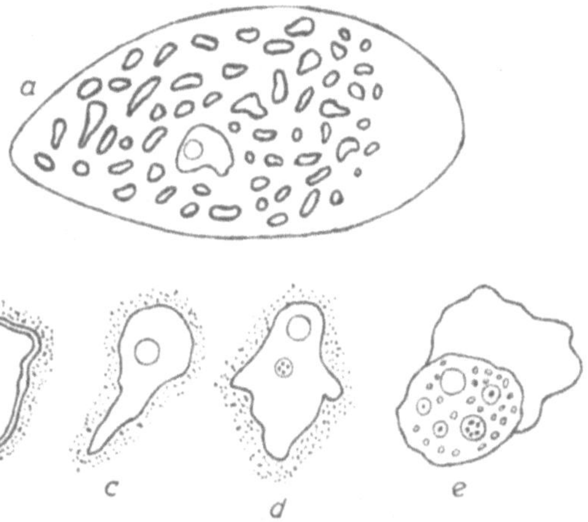

Abbildung 2.

Die Entstehung eines Paramaeciumautoplasmas. *a*) Der größte Körper in der Paramaeciumleiche, eine kontraktile Vakuole enthaltend, ist das Autoplasma; *b*) Autoplasma, kurz nachdem es sichtbar geworden; *c*) und *d*) Autoplasma, während es in der Paramaeciumleiche herumwandert; *e*) das freigewordene Autoplasma. Ein Lobopodium beginnt sich zu entfalten.

Protokoll zu Präparat P 2.

7. XI. Deckglaspräparat mit 3 Paramaecien in kleinem Tropfen angelegt und in feuchte Kammer gebracht.

9. XI. Präparat wiederholt auf Amöben und Cysten genau durchgesehen, ohne irgend etwas Diesbezügliches zu finden.

13. XI. Paraffinum liquidum zugesetzt, das den Wassertropfen ganz umfaßt, aber noch eine Luftblase mit einschließt.

14. XI. Ein Paramaecium tot. 31 Stunden nach Paraffinzusatz ist ein kleiner, allseitig abgesetzter Körper von unregelmäßigen Umrissen im Paramae-

cium zu sehen, mit einer pulsierenden Vakuole in seinem Innern. Das übrige Plasma des Paramaeciums, ursprünglich feinkörnig, hat inzwischen ein getigertes Aussehen angenommen (nach Art der Nissl'schen Schollen).

(Inzwischen sind die beiden anderen Paramaecien des Präparates nacheinander gestorben. An ihnen hat sich nichts Bemerkenswertes abgespielt.)

Die abgesetzte Plasmapartie, das Autoplasma, wird in ihren Bewegungen lebhafter und kriecht nach Amöbenart im engeren Umkreis ihres Entstehungsortes im Innern der Paramaeciumleiche herum. Ihr Durchmesser beträgt 18–24 μ. Die Pulsationen der kontraktilen Vakuole erfolgen in einem Abstand von 2 Minuten 12–2 Min. 35 Sek.

15. XI. sitzt das Autoplasma ganz an der Peripherie des zerfallenden Paramaeciumleibes und bildet einen breitlappigen, homogenen Fortsatz.

16. XI. kriecht das Autoplasma sehr langsam frei herum. Die für das Autoplasma charakteristische einseitige Lobopodienbildung nicht in charakteristischer Ausbildung beobachtet. Dagegen Pseudopodienbildung nach verschiedenen Richtungen, teils von dünnflüssigem Protoplasma gebildet. Neben der pulsierenden Vakuole sind verschiedene Nahrungsvakuolen im Autoplasma zu erkennen.

17. und 18. XI. Sehr langsame Lokomotion. Pulsationsrhythmus verlangsamt sich von 3 Min. 50 Sek. auf 5 Min. 20 Sek. Es wird ein Tropfen Aquariumwasser hinzugesetzt.

19. XI. ist das Autoplasma tot.

Protokoll zu Präparat P 4.

7. XI. 16 Uhr 30. Deckglaspräparat mit 4 lebenden Paramaecien in feuchte Kammer gebracht und zuvor Paraff. liquid. zugesetzt, das den Wassertropfen etwa halb umfaßt.

8. XI. 10 Uhr 15. Alle 4 Paramaecien tot.

9. XI. keine Veränderung.

10. XI. Fünf Autoplasmen von typischer Gestalt im Präparat.

12. XI. 16 Autoplasmen im Präparat, die lebhaft herumkriechen.

15. XI. 49 Autoplasmen.

16. XI. Die Autoplasmen haben größtenteils spitzausgezogene Pseudopodien, die eingezogen und neugebildet werden; ein Lobopodium fehlt. Lokomotion minimal. Da Kulturtropfen sich verkleinert hat, reichlich Aquariumwasser zugesetzt und dadurch Paraffin zurückgedrängt.

18. XI. Die meisten Autoplasmen kriechen wieder mit breitem Lobopodium herum, einzelne ohne Ortsbewegung senden nach allen Seiten spitze Pseudopodien.

20. XI. Zahl der Autoplasmen hat sich vermehrt, kriechen lebhaft herum. Nahrungsvakuolen deutlich. Rhythmus der kontraktilen Vakuole 3 Min.

22. XI. Viele Teilungsstadien beobachtet.

24. XI. Autoplasmen haben an Zahl abgenommen, z. T. degenerierend.

26. XI. Viele Autoplasmen, zum größten Teil lobopod, wenige digitopod.

29. XI. Aquariumwasser zugesetzt.
7. XII. Die Autoplasmen haben einen Durchmesser von 33×40 μ bis 39×45 μ.
15. XII. Zahlreiche Autoplasmen. Aquariumwasser zugesetzt.
(Die Milieu-Bedingungen sind offenbar in den nächsten Tagen ungünstiger geworden. Die Autoplasmen sind weniger lebhaft, z. T. degenerieren sie).
27. XII. Zum letztenmal einige Autoplasmen in Bewegung beobachtet.

Protokoll zu Präparat P 8.

12. XI. Ein Paramaecium in Deckglaspräparat mit kleinem Wassertropfen in feuchte Kammer gebracht.
15. XI. Paramaecium hat sich geteilt.
18. XII. 10 Uhr. Paraff. liquid. halbseitig zugesetzt.
19. XI. 12 Uhr. Paramaecium tot. 20 Autoplasmen im Präparat, darunter zwei in Teilung. Die größeren Autoplasmen messen 42×63 μ. die kleineren 36×42 μ.
22. XI. Die Autoplasmen haben sich vermehrt und sind lebhaft. — Wurden mit Sublimat-Essigsäure fixiert und Haematoxylin gefärbt, wobei sich herausstellte, daß jedes Autoplasma einen kleinen Kern besitzt, der im Leben nicht wahrgenommen worden war.

Außer diesen drei hier im Protokoll wiedergegebenen Versuchen sind noch in drei Paramaeciumpräparaten Autoplasmen beobachtet worden. Von diesen ist bei einem (P 49) die Autoplasmabildung nach Zusatz von Paraffinum liquidum am 5. Tage gelungen, bei den beiden anderen ohne Paraffinzusatz offenbar infolge der Verdünnung des Kulturtropfens. Jedoch sollen diese beiden Präparate nicht weiter berücksichtigt werden, da ich die genaueren Umstände der Autoplasmaentstehung hier nicht genügend zu übersehen vermag.

Vier sichere positive Resultate können also als Grundlage der weiteren Besprechung dienen. Bei ihnen wurde die Autoplasmabildung durch einseitigen Zusatz von Paraff. liquid. d. h. durch Verringerung der Luftzufuhr ausgelöst. Bei drei Präparaten erfolgte der Paraffinzusatz nach 5 bzw. 6 Tagen; längstens 8 Stunden später waren die Paramaecien tot und aus einzelnen der toten Paramaecien waren innerhalb längstens 31 Stunden Autoplasmen entstanden. Bei dem Präparat P 4 war das Paraffin sogleich nach Herstellung des Präparates zugesetzt worden. Hier dauerte es über 2 Tage, bis Autoplasmen im Präparat beobachtet wurden.

In zwei Präparaten (P 2 und P 49) wurden die Autoplasmen noch innerhalb des Paramaeciumleibes gesehen. In jedem Paramaecium war nur ein Autoplasma zu finden. Über den genauen Ort seiner Entstehung sind noch keine Angaben möglich, auch nicht darüber, ob das Autoplasma als abgesetzter Teil des Zelleibs entsteht oder durch Zusammenfließen eines Plasmas besonderer Qualität. Sie wurden von mir erst wahrgenommen, als sie als abgesetzte Körper im Paramaeciumleib saßen. In den Präparaten P 2 und P 49 waren die zunächst entstandenen Autoplasmen nur 18×24 μ bzw. 21×30 μ groß. Nach wenigen Generationen waren aus ersteren Autoplasmen doppelter Größe entstanden; diese hatten damit die Durchschnittsgröße der Paramaecium-Autoplasmen erreicht. Folgende Maße wurden in den verschiedenen Präparaten für die Paramaecium-Autoplasmen ermittelt: 26×42 μ, 39×45 μ und 42×63 μ. Abgesehen von dem einmaligen Anwachsen der Autoplasmen, wie es in Präparat P 49 beobachtet wurde, behalten die Autoplasmen im Laufe der Generationen ihre konstante Größe. — Die Teilungen können in den ersten Tagen nur langsam aufeinanderfolgen oder schon von vornherein in kurzen Abständen. So waren in Präparat P 8 bereits nach 26 Stunden nach Zusatz des Paraffins aus zwei Paramaecien 20 Autoplasmen entstanden und in Präparat P 49 war die Zahl der Autoplasmen innerhalb 31 Stunden von 3 auf 45 Individuen angewachsen. Bald darauf setzt eine Verlangsamung des Teilungsrhythmus ein, vermutlich hervorgerufen durch die im Präparat allmählich ungünstiger werdenden Lebensbedingungen. Durch Zusatz frischen Kulturwassers kann die Vermehrung erneut angeregt werden.

In Ergänzung der für die Vorticellenautoplasmen gebrachten Angaben sei nun zunächst noch Einiges über die Autoplasmen gesagt. Ihre

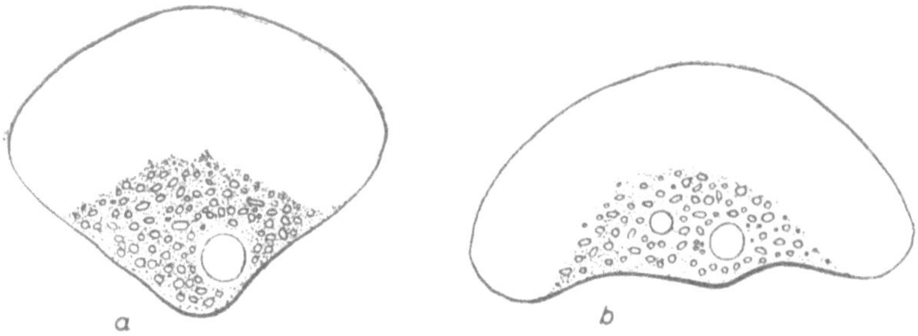

Abbildung 3.
Zwei Paramaeciumautoplasmen; *a*) die häufigere Erscheinungsform. Vergr. 1000.

äußere Form stimmt im wesentlichen mit jener der Vorticellen überein (Abb. 3 a). Unter Umständen bilden die seitlichen Begrenzungslinien des Autoplasmas einen Winkel von 180° (Abb. 3 b), wobei die seitlichen Lobopodiumränder sich noch etwas nach hinten vorwölben. An den Paramaeciumautoplasmen sah es manchmal so aus, als ob dieBakterien, die ihnen als Nahrung dienen, sich am Rande von Bewegungs- und Ernährungsplasma ansammelten. Dies ist aus zwei Gründen recht wahrscheinlich. Einmal war nie zu sehen, daß Bakterien vom Bewegungsplasma aufgenommen werden; dieses erscheint vielmehr immer homogen. Außerdem kann sehr wohl eine Beziehung bestehen zwischen der Fähigkeit des Ernährungsplasmas, die verschiedensten Körper an seiner Oberfläche anzukleben, und der Nahrungsaufnahme. Obwohl das Ernährungsplasma viele Nahrungskörper enthält, ist an den lebenden Autoplasmen im lobopoden Stadium nichts von Nahrungsvakuo-

Abbildung 4.
Paramaeciumautoplasmen unter ungünstigen Lebensbedingungen; die Pseudopodien werden von dem Ernährungsplasma gebildet; *a*) mit Detritusanhang.

len zu erkennen. In digitopoden Autoplasmen sind manchmal Nahrungsvakuolen zu sehen und im fixierten Präparat sind sie in großer Zahl vorhanden (Abb. 5). Bei einem Vergleich der körnigen Einschlüsse des lebenden Ernährungsplasmas mit dem Inhalt der Nahrungsvakuolen des fixierten Objektes ergibt sich ein großer Unterschied in der Zahl der Einschlüsse. Daraus kann geschlossen werden, daß nur ein Teil der Einschlüsse Nahrungskörper waren.

Übrigens war das Klebvermögen des Ernährungsplasmas zu manchen Zeiten so ausgeprägt, daß das Autoplasma derart von einer Fremdkörperhülle umgeben war, daß nur noch der freie Rand des Lobopodiums zu sehen war. Die kontraktilen Vakuolen verhalten sich wie die der Vorticellen. Unmittelbar vor der Kontraktion hat die Vakuole einen Durchmesser von $7\frac{1}{2}$ μ. Die Kontraktionen erfolgen in durchschnittlichen Abständen von 2 Min. 40 Sek. Solange die Bedingungen günstig sind, sind die Autoplasmen dauernd in Bewegung; ihre Wandergeschwindigkeit beträgt 30—36 μ die Minute. Während der Vorwärtsbewegung ändert sich nichts in der Verteilung des Ernährungs- und

Bewegungsplasmas; natürlich müssen Strömungen im Innern des Bewegungsplasmas bestehen — sie werden nur infolge des Mangels körniger Einschlüsse nicht wahrgenommen — sonst bliebe das Zustandekommen einer Bewegung der Autoplasmen unverständlich. Werden die Bedingungen im Kulturtropfen infolge von Verdunstung ungünstiger, das Medium salzreicher, so schwindet das Bewegungsplasma und das Ernährungsplasma bildet sehr verschiedengestaltige Pseudopodien (Abb. 4). Die Gestalt verändert sich dabei dauernd; eine Lokomotion fehlt in diesem Stadium. Vielfach sieht man am Rande des Tropfens Autoplasmen dieser Art, während die Autoplasmen im Tropfeninnern mit einem Lobopodium umherkriechen. Zweifellos führt diese Veränderung der Autoplasmen am Tropfenrand und ihre Unmöglichkeit, sich den ungünstigeren Bedingungen zu entziehen, zum Untergang vieler Autoplasmen. Übrigens wirkt auch geringe Erwärmung des Präparats, wie sie bei künstlicher Beleuchtung vorkommt, ungünstig auf die Autoplasmen; sie verändern dann sogleich ihr Aussehen.

Da es bisher erst wenige Male gelungen ist, Autoplasmen zu erzeugen, wurden sie in dem Präparat belassen, in dem sie entstanden waren. Es versteht sich von selbst, daß hier die Bedingungen zu ihrer Züchtung auf die Dauer nicht eben günstig waren. Immerhin war die Autoplasmakultur im letzten Autoplasmenpräparat P 49 zur Zeit der Niederschrift dieser Zeilen bereits 1½ Monate alt.

Gleichzeitig mit den ersten zu positiven Resultaten führenden Präparaten waren andere angelegt worden, die ergebnislos blieben. Das Paraff. liquid. war dabei entweder gleich nach Anfertigung des Präparats oder erst einige Zeit (1—10 Tage) später zugesetzt worden. Die Mißerfolge sind zum Teil sicherlich folgenden Umständen zuzuschreiben: Bei zu starker Umfassung des Wassertropfens mit Paraffin gleich nach Herstellung des Präparats besteht die Gefahr, daß die Paramaecien zu rasch vollkommen ersticken und damit zur Bildung der Autoplasmen jede Möglichkeit genommen wird. Wartet man andererseits zu lange mit dem Zusatz des Paraffins, etwa 8—10 Tage, so haben sich die Paramaecien inzwischen den veränderten Milieubedingungen (besonders der verringerten Sauerstoffspannung) derart angepaßt, das selbst ein luftdichter Abschluß des Wassertropfens ein Absterben der Paramaecien innerhalb der nächsten 12 Stunden nicht zu bewirken vermag. Das ist aber nach meinen bisherigen Erfahrungen notwendig, um zu positiven Resultaten zu gelangen.

Die ersten positiven wie negativen Befunde sind zusammenfassend vorläufig wohl so zu erklären: Die Paramaecien vertragen innerhalb 1—4 Tagen nach Anfertigung des Präparats meist nur schlecht eine plötzlich verringerte Sauerstoffzufuhr. 5—6 Tage nach Herstellung des Präparats erreichen die Paramaecien einen Zustand, in dem Teile des Entoplasmas eine größere Widerstandskraft besitzen, als sie dem Cortikalplasma in diesem Zeitpunkt zukommt. Bei Einschränkung der Sauerstoffzufuhr kann es dann zu einem allmählichen Absterben der Paramaecien kommen, wobei ein Teil des Leibes den Tod des Gesamtindividuums überlebt. Ist diese kritische Phase vorüber, so zeigen Cortikal- und Entoplasma die gleiche erhöhte Widerstandskraft. Die Paramaecien leben auch in dem sauerstoffarmen Medium einige Tage weiter, um dann in toto abzusterben. Die Autoplasmabildung unterbleibt dann. Ausschlaggebend für die ganzen Versuche werden natürlich die Ausgangsbedingungen sein, wie die Sauerstoffspannung und das pH des Aquariumwassers, dem die Paramaecien entnommen wurden.

Anschließend seien einige technische Details gebracht, die bei der Anfertigung der späteren Präparate eine Rolle spielten und deren verschiedene Handhabung und Berücksichtigung möglichst verschiedene Bedingungen bieten sollten, um auf einem dieser Wege ein Zustandekommen der Autoplasmabildung zu ermöglichen. Natürlich wurde auch immer wieder versucht, diejenigen Methoden, die anfangs zum Erfolg geführt hatten, wieder zu befolgen, aber fast immer umsonst. Offenbar sind die Ausgangsbedingungen oder der Zustand der Paramaecien späterhin nicht mehr die gleichen gewesen. — Bei der Herstellung der Präparate ist es zunächst wichtig, daß die Paramaecien sich frei bewegen können. Das Deckglas darf also nicht zu stark an das Tragglas angepreßt werden. Der Wassertropfen wurde meist so bemessen, daß er etwas flachgedrückt nicht mehr als $^1/_9$ des Deckglases von 18 mm Seitenlänge einnahm und sich mitten unter dem Deckglas befand. Versuche ohne Deckglas verliefen ergebnislos. Bezüglich des einseitigen Zusatzes von Paraff. liquid. lernt man es bald, das Paraffin mit Hilfe eines dünnen Glasstabes so fein dosiert zuzusetzen, daß man den Grad der Umfassung des Wassertropfens ganz in der Hand hat. Manchmal überzieht dann allerdings unbeabsichtigt eine feine Paraffinhaut den Wassertropfen auch auf seiner freien Seite; ob sie zusammenhängend ist, ist schwer zu entscheiden und jedenfalls tritt auf dieser Seite noch immer Luft zu dem Wassertropfen zu, wie an dem Verhalten der Paramaecien zu erkennen ist. Die Paramaecien reagieren sehr fein gegen eine Verringerung der Sauerstoffspannung in einem Teil des Wassertropfens. Schon sehr bald nach einseitigem Zusatz des Paraffintropfens machen sie vor dem dem Paraffintropfen am nächsten gelegenen Viertel des Wassertropfens kehrt, um die sauerstoffreichere Seite wieder aufzusuchen. Um die Wiederstandsfähigkeit der Paramaecien sicherer zu brechen, wurde vielfach vor Zusatz des Paraffins das Deckglas etwas stärker angepreßt. Andererseits wurde das Paraffin alsbald nach dem Tode der Paramaecien wieder abgesaugt, um die Autoplasmagenese möglichst unter vermehrter Luftzufuhr stattfinden zu lassen. Ob das zu den Versuchen verwandte Material neuen oder alten Kulturen entstammt, scheint nach meinen bisherigen Erfahrungen auf das Gelingen der Versuche nicht von Einfluß zu sein.

In anderen Versuchen war ich bemüht, durch Konzentration des Kulturwassers oder durch seine Verdünnung Erfolge zu erzielen. Zu diesem Zweck kamen die Paramaecien vorübergehend in eine nur schwach feuchte Kammer, um die

Verdunstung des Tropfens, die sich sowieso in jedem Feuchtekammerpräparat langsam abspielt, etwas schneller zu bewirken. Oder es kamen die Paramaecien gleich zu Beginn oder nach einiger Zeit in stark verdünntes Kulturwasser oder in reines Leitungswasser. Oder beide Methoden wurden kombiniert, mit und ohne nachträglichen Zusatz von Paraffin, angewandt. Die Übertragung der Paramaecien in verdünntes Kultur- oder reines Leitungswasser hat zur Folge, daß sie dauernd viel schneller herumschwimmen. Für die Absterbeerscheinung bietet reines Wasser den Vorteil, daß die Paramaecienleiber nach ihrem Absterben nicht von den verschiedensten Mikroorganismen umlagert und durchlöchert werden, was natürlich die Autoplasmabildung auch vereiteln kann. — Bei dem Zusatz von Kulturwasser zu den Paramaeciumpräparaten bzw. den inzwischen entstandenen Autoplasmen bin ich verschieden verfahren. Entweder das Kulturwasser wurde einfach filtriert, um Bakterien und kleinere Protozoen als Futter zu geben, oder wenn das nicht erwünscht war, wurde das Kulturwasser sterilisiert.

Um die Vorbedingungen zur Autoplasmabildung zu übersehen, ist es notwendig, auch die Veränderungen, die sich an den abgestorbenen Paramaecien abspielen, genau zu beachten. Diese Veränderungen können sehr verschiedener Art sein, je nach der Todesart, und je nachdem, ob die Paramaecien vor ihrem Tod längere oder kürzere Zeit in dem betreffenden Wassertropfen gelebt haben, wobei zweifellos ihre Ausscheidungsprodukte, so vor allem die von ihnen ausgeschiedene Säure von Einfluß sein wird, was gerade im Hinblick auf die Autoplasmabildung noch näherer Untersuchung bedarf. Ganz vorzüglich hielten sich die Körper der Paramaecien in Leitungswasser, die in einer Stickstoffatmosphäre erstickt waren. Im übrigen waren unter den Paramaeciumleichen, die nach den oben beschriebenen Methoden behandelt worden waren, im wesentlichen drei verschiedene Plasmazustände zu unterscheiden:

1. Das Plasma kann ein getigertes Aussehen annehmen, wobei kleine, verschieden gestaltete Inseln eines stärker lichtbrechenden Plasmas in dem sonst fein granulierten Körper ziemlich gleichmäßig verteilt sind. Auf diesen Zustand folgt nach etwa 2 Tagen ein schwammiges Aussehen des Zelleibs. Dieses getigerte Aussehen des Plasmas scheint einer Autoplasmabildung eher günstig zu sein.

2. Das Plasma erscheint durchgehends fein granuliert. Vielfach wird gleichzeitig die Pellicula von homogenen Tropfen aufgebeult, die schließlich die Pellicula sprengen. Manchmal sieht es bei diesen Paramaeciumleichen, vielleicht 12 Stunden nach dem Tode der Paramaecien, so aus, als ob sich in ihrem Innern einzelne Plasmapartien in der Umgebung des Makronucleus gegen das übrige Plasma absetzten. Diese Bildungen, bei denen es sich vielleicht um schwache Ansätze zur Autoplasmabildung handelt, verschwinden bald wieder. Überhaupt scheint bei dieser Art der Plasmagerinnung nach meinen bisherigen Erfahrungen nicht mit

einer Autoplasmabildung gerechnet werden zu können. Vor allem nicht, wenn der Paramaeciumkörper geplatzt war.

3. Das Plasma erscheint tropfig kompakt. Wir können es als seinen globulitischen Zustand bezeichnen; das Plasma scheint fest geliert zu sein und erhält sich in diesem Zustand besonders lang.

Diese Feststellungen über die verschiedenartigen Veränderungen des Paramaeciumplasmas scheinen mir notwendig zu sein, um bei der weiteren Verfolgung unseres Problems zu ermitteln, ob einer dieser Zustände für die Autoplasmagenese als besonders günstig betrachtet werden muß.

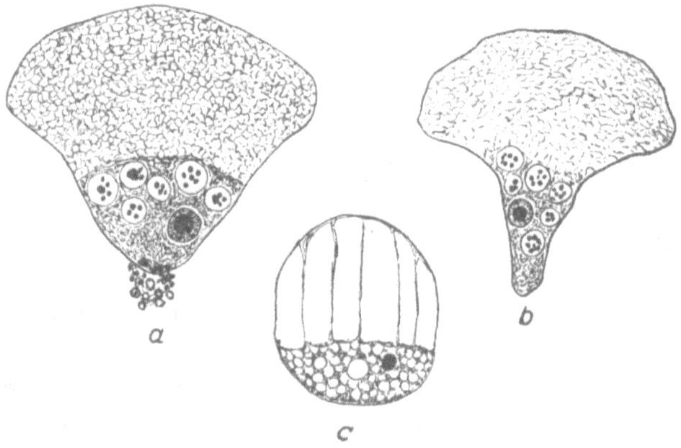

Abbildung 5.

a) und *b*) zwei abgetötete Paramaeciumautoplasmen (Sublimat, Hämatoxylin) mit Kern und Nahrungsvakuolen (?); *a*) mit Detritusanhang. *c*) Cyclidiumautoplasma mit Hermannscher Fl. fixiert und Weigertschem Hämatoxylin gefärbt; die Längslinien sind Falten, die bei der Fixierung entstanden. Vergr. 1000.

Auch das Verhalten der Kerne in dem abgestorbenen *Paramaecium* verdient besondere Beachtung, um so mehr, als ja die Autoplasmen einen kleinen Kern, der, wie ich vermute, dem Mikronucleus entspricht oder von ihm abstammt, mitbekommen. Bei der weiteren Untersuchung der Autoplasmagenese wird es von besonderem Interesse sein, diesen Vorgang der Kernzuteilung genau zu verfolgen. Dazu ist es aber zunächst erforderlich, die Autoplasmabildung mehr in der Hand zu haben. Über den Mikronucleus, den ich häufig in unverändertem Zustand im toten *Paramaecium* gesehen habe, vermag ich vorläufig nichts weiter auszusagen. Der Makronucleus wird durch den bei dem Tode einsetzenden Gerinnungsvorgang besonders deutlich und ist scharf gegen das Plasma abgesetzt. Seine Gestalt kann ganz verschieden sein, was aber nicht weiter von Interesse ist. Er kann schon innerhalb weniger

Stunden unsichtbar werden, unter Umständen aber auch über 36 Stunden lang sichtbar bleiben (P 26). Ist er verschwunden, so befindet sich an seiner Stelle ein heller, nicht abgegrenzter Raum. Der Makronucleus der Paramaecien verhält sich demnach ganz anders wie der der Vorticellen, der, wie wir sahen, herausgelöst aus dem Plasma, noch tagelang seine ursprüngliche Form beibehält.

An den lebenden Paramaeciumautoplasmen war von einem Kern nie etwas zu sehen. Nach Fixierung und Färbung ist er deutlich sichtbar; bei einer bestimmten Lage der Autoplasmen liegt er ganz exzentrisch, nur noch von einer dünnen Schicht des Ernährungsplasmas bedeckt. Der Kern besteht aus einem stark färbbaren zentralen Körper, ist von einer helleren peripheren Zone umgeben (Abb. 5) und hat einen Durchmesser von 4 μ (Caryosomkern). Vor der Teilung vergrößert sich die periphere Zone bedeutend; der Kern hat dann einen Durchmesser von 9 μ.

Versuche mit Cyclidium.

Die Cyclidien sind häufige Bewohner des Sumpfwassers und fallen durch ein besonderes Verhalten auf; nach längerem Stilliegen schnellen sie im Zickzackkurs durch das Wasser. Sie sind kenntlich an verschiedenen starren, langen Wimpern am Hinterende und einer breiten, einklappbaren undulierenden Membran auf der rechten Seite. Die zu den Versuchen verwandte Art, *Cyclidium glaucoma*, war in Mengen in meinen Paramaeciumkulturen vorhanden; so kam ich mehr zufällig dazu, sie auch zu den Versuchen zu verwenden.

Bei den Cyclidien scheint es leichter zur Autoplasmabildung zu kommen als bei Paramaecien und Vorticellen. So gelang es Mitte Dezember 1927 aus 4 Parallelpräparaten, d. h. solchen, die gleichzeitig unter gleichen Bedingungen angelegt worden waren, bei drei, Autoplasmen zu erzielen, und zwar auf drei verschiedenen Wegen. Das eine Mal wurde das Präparat einfach in der feuchten Kammer belassen. Hier erschienen die Autoplasmen nach 6 Tagen (P 39). Zwei andere Präparate wurden nach 2 Tagen in eine „halbfeuchte“ Kammer gebracht (hergestellt mit schwach angefeuchtetem Filtrierpapier), um ein etwas schnelleres Verdunsten des Tropfens zu erzielen. Bei einem dieser Präparate erschienen die Autoplasmen nach im ganzen 4 Tagen (P 36). Bei einem vierten Präparat (P 38) wurde der Wassertropfen nach 4 Tagen mit Paraff. liquid. abgeschlossen und wenige Stunden später waren einige Autoplasmen entstanden, alle übrigen Cyclidien aber waren zerfallen. Ein Vergleich der angewandten Methoden legt es nahe, daß nicht die besondere Methode, sondern der besondere Zustand, in dem sich die Cyclidien damals befanden, die Autoplasmabildung ermöglicht hat. Viele später nach den gleichen und anderen Methoden behandelte Cyclidienpräparate ergaben keine Resultate. —

Da es bei den oben besprochenen Präparaten mit Autoplasmabildung nicht gelungen war, die unmittelbare Entstehung der Autoplasmen zu beobachten, mußte daraus gefolgert werden, daß sich dieser Prozeß innerhalb sehr kurzer Zeit abspielt. Die bisher angewandten Methoden zur willkürlichen Erzeugung der Autoplasmen hatten in dieser Beziehung versagt; so wurde jetzt versucht, den Einfluß der Wasserstoffionenkonzentration auf die Entstehung der Autoplasmen zu prüfen. Wenn es hierbei noch nicht gelungen ist, eine sichere Methode ausfindig zu machen, so konnte wenigstens über die Art der Entstehung der Autoplasmen einiges ermittelt werden.

Über diesen Teil der Untersuchungen soll in dieser Mitteilung nur zusammenfassend berichtet werden. Zur Erzielung eines bestimmten pH-Wertes wurde $^1/_{100}$ n Lösung von Salzsäure und Natronlauge verwandt. Zur Bestimmung des pH-Wertes diente der Bresslau'sche Hydrionometer. Alle Versuche, bei denen die Cyclidien in Wasser mit einem pH-Wert zwischen 6,3 und 7,8 gehalten wurden, verliefen ergebnislos. Dagegen hatte die Überführung der Cyclidien aus schwach saurem oder neutralem Wasser in solches mit einem pH-Wert von 8,0—8,6 innerhalb der ersten zwei Stunden nach der Überführung bei einer Anzahl Individuen, die sich immer in der gleichen Gegend des Präparates befanden, eine ganz charakteristische Veränderung zur Folge. Unmittelbar nach Veränderung des Milieus schießen die meisten Cyclidien eine Zeitlang unruhig herum und entziehen sich dadurch der Beobachtung. — Ebenso wie bei anderen Infusorien löst sich auch bei den Cyclidien in einem bestimmten Intervall eine Nahrungsvakuole vom Cytopharynx los, die, wenn das Medium arm an Bakterien ist, keine Inhaltskörper enthält, sondern hell erscheint. Diese Vakuolen nehmen nun, wenn man dem kleinen Tropfen, der die Cyclidien enthält, ein Vielfaches von Wasser mit einem pH-Wert von 8,6—8,8 zusetzt, bedeutend an Volumen zu. Bald schwellen sie so stark an, daß sie die Cyclidien auftreiben, die sich dabei gleichzeitig etwas verkürzen und birnförmige Gestalt annehmen. Nehmen die Nahrungsvakuolen noch weiter an Volumen zu, so werden die Cyclidien assymetrisch aufgetrieben, schwimmen aber auch in diesem Zustand noch lebhaft herum, ja sind direkt unruhiger als die übrigen, die sich nicht verändert haben (Abb. 6 a—d). Die pulsierende Vakuole kontrahiert sich währenddem in ihrem normalen Rhythmus. In den meisten Fällen, die zur Beobachtung kamen, verkleinerten sich die Nahrungsvakuolen alsbald wieder (im Stadium der Abb. 6 b oder c), und nach längstens drei Stunden hatten die Cyclidien wieder ihr normales Aussehen. Zweimal aber wurde beobachtet, daß die assymetrisch gewordenen Cyclidien an der Stelle ihrer stärksten Auftreibung — die Wandung war dann äußerst dünn — platzten, und im gleichen Augenblick waren die fertigen Autoplasmen vorhanden. Dies vollzieht sich also so schnell, daß der Vorgang noch öfter beobachtet werden muß, um alle Einzelheiten genau zu erkennen. Bisher konnte ermittelt werden, daß in dem Moment der Sprengung der Inhalt der einzelnen Vakuolen zusammen-

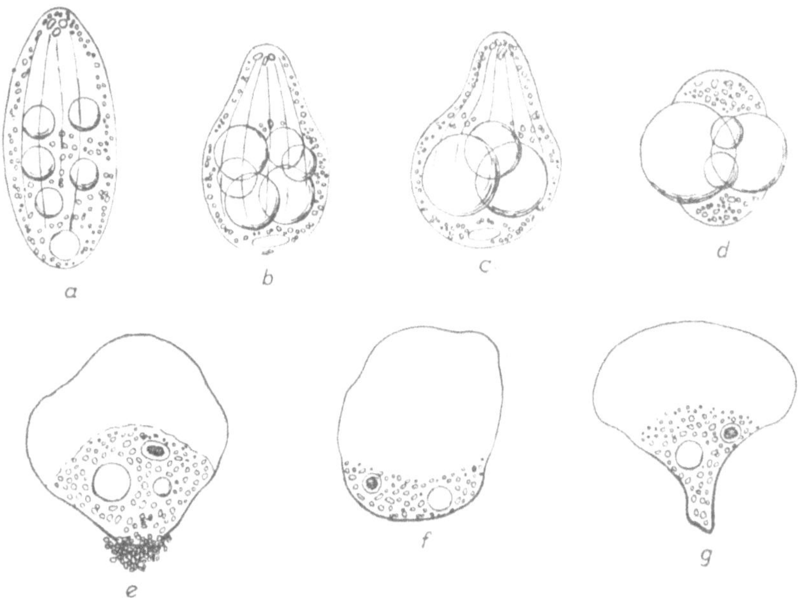

Abbildung 6.

a—d) Zunehmende Veränderung eines Cyclidiums in Wasser mit einem pH von 8,6. Die Wimpern, auch noch in d größtenteils vorhanden, sind fortgelassen. In a—c am Hinterende die kontraktile Vakuole. e—g) Cyclidiumautoplasmen mit pulsierender Vakuole und Karyosomkern; e) mit umfangreichem Ernährungsplasma und Detritusanhang; f) Autoplasma mit wenig Ernährüngsplasma; g) mit verlängertem Hinterende; auch diese Gestalt wird längere Zeit beibehalten. Vergr. 1125.

fließt und das Bewegungsplasma bildet, während das Ernährungsplasma aus den körnigen Randpartien des Cyclidiums entsteht. Die Masse des Restkörpers ist hier nur verhältnismäßig geringfügig; er besteht hauptsächlich aus der Pellicula und vermutlich dem Makronucleus. Diesen Punkt, der von besonderer Wichtigkeit ist, hoffe ich bald aufklären zu können. Auch warum die Entstehung der Autoplasmen nicht häufiger bewirkt werden kann, bedarf noch der Aufklärung.

Wenn wir uns auf Grund der bisher angewandten Versuchsmethoden hier nochmals die Frage vorlegen, ob bei den Cyclidien die äußeren oder die inneren Bedingungen zur Entstehung der Autoplasmen geführt haben, so kommen wir nach unseren bisherigen Erfahrungen zu dem Schluß, daß sich in erster Linie das Cyclidienplasma in einem bestimmten Zustand befinden muß, wenn es überhaupt zur Autoplasmabildung kommen soll. Ist dieser nicht vorhanden, so wird trotz geeigneten pH-Wertes, Sauerstoffspannung und Salzkonzentration kein Autoplasma entstehen.

Unter den drei zu den Versuchen verwandten Infusoriengattungen wurden die besten Kulturerfolge im Deckglaspräparat mit Cyclidiumautoplasmen erzielt. Zur Zeit, wo ich dieses niederschreibe, befinden sich Autoplasmenzuchten, die vor zwei Monaten entstanden sind, noch im besten Zustand, immer in dem gleichen Deckglaspräparat.

Eine besondere Eigenschaft der Cyclidiumautoplasmen erleichtert sehr die Kultur dieser Form. Sie können ihnen ungünstige Veränderungen des Milieus infolge Anreicherung des Wassers mit Stoffwechselendprodukten ebenso wie ein vorübergehendes Eintrocknen von einigen Tagen gut überstehen. Nach weitgehender Eindunstung des Kulturtropfens erkennt man an der Unterseite des trockenen Deckglases deutlich die Autoplasmen, die beim Eintrocknen rundliche Form angenommen haben; ihr jetzt einheitliches Plasma scheint ein ziemlich starkes Wasserbindungsvermögen zu besitzen, wie seine Lichtbrechungsverhältnisse verraten. Zwei oder mehr Vakuolen in ihrem Zentrum entsprechen der kontraktilen Vakuole bzw. den Bildungsvakuolen. An den eingetrockneten Autoplasmen ist vom Bewegungsplasma nichts zu sehen; erst nach erneutem Wasserzusatz wird es an der Peripherie des Autoplasmas an verschiedenen Stellen sichtbar, und nach einiger Zeit vereinigen sich die einzelnen Lobopodien zu dem auch für die Cyclidiumautoplasmen charakteristischen einseitigen Lobopodium. Gleichzeitig beginnen die Autoplasmen wieder herumzuwandern. Diese Beobachtungen wurden u. a. an einem Präparat gemacht, dessen Kulturtropfen bis auf einen kleinen Rest eingedunstet war, und darin befanden sich nur noch einzelne ganz anormal aussehende Autoplasmen. Durch erneuten Wasserzusatz ließen sich nun genau schrittweise die oben beschriebenen Veränderungen an den eingetrockneten Autoplasmen verfolgen. Nach 2 Tagen war das Präparat wieder von zahlreichen Autoplasmen belebt. So ist es möglich, selbst bei ganz eingetrockneten Präparaten von Cyclidiumautoplasmen, nach wenigen Tagen wieder ein gutes Präparat mit lebenden Autoplasmen zu besitzen.

Im Gegensatz zu den Autoplasmen der Paramaecien und Vorticellen geht, wie wir sehen, bei den Cyclidien der größte Teil des Zelleibs auf das Autoplasma über. In ihrem Aussehen stimmen diese Autoplasmen mit jenen der beiden anderen Gattungen im wesentlichen überein (Abb. 6). Das Ernährungsplasma der Autoplasmen bildet allerdings nicht so regelmäßig den bei den beiden anderen Gattungen so häufig ausgebildeten und charakteristischen stumpfen Winkel. Vielmehr haben die Cyclidiumautoplasmen bei günstigen Wasserverhältnissen nahezu kreisförmige oder ovale Umrisse (Abb. 6 e und f), wobei in letzterem Fall ihre Längsachse senkrecht zu ihrer Fortbewegungsrichtung verlaufen kann. Bei größeren Autoplasmen beträgt der Durchmesser 21 μ bzw. 21×27 μ. Kleinere Autoplasmengenerationen hatten nur einen Durchmesser von 12—15 μ (P 39). (Die Maße der Cyclidien selbst sind durchschnittlich 12×27 μ.) Im übrigen kann sich die Gestalt der Autoplasmen namentlich bei Änderungen der Bewegungsrichtung ziemlich stark verändern.

Der Anteil des Ernährungsplasmas im Autoplasma ist je nach den Ernährungs- und Wasserverhältnissen verschieden. In nahrungsarmem, reinem Leitungswasser hat es die Umrisse einer schwach gebogenen Sichel (Abb. 6 f), in schwach alkalischem Wasser und bei guten Nahrungsbedingungen nimmt es an Volumen zu und nimmt fast die Hälfte des Autoplasmas ein (Abb. 6 e). Eigentliche Nahrungsvakuolen habe ich nicht im Innern des Ernährungsplasmas auffinden können. Dasselbe ist vielmehr dicht von feinen Körnchen und Stäbchen durchsetzt, die nach dem Bewegungsplasma zu schnell spärlicher werden. Die Nahrung der Cyclidienautoplasmen besteht wie bei den Cyclidien selbst aus Bakterien; auch versammeln sie sich wie diese gern um absterbende Paramaecienleichen.

Neben einer kontraktilen Vakuole sind noch mehrere kleine helle Vakuolen im Nahrungsplasma zu sehen, es sind die Bildungsvakuolen der kontraktilen Vakuole. Die definitive Vakuole kann in den verschiedensten Partien des Ernährungsplasmas entstehen. Hat sie eine gewisse Größe erreicht, so ist sie von einem Kranz stärker lichtbrechenden Plasmas umgeben. Eine halbe Minute vor dem Kontraktionsvorgang wandert die Vakuole, oft nicht auf dem direkten Wege, zu dem Hinterrand des Autoplasmas, um sich hier etwas über der Oberfläche vorzuwölben und dann zu entleeren. Bei Autoplasmen eines 2 Monate alten Präparats, die sich in gutem Zustand befanden, war die kontraktile Vakuole verschwunden. Dieselbe trat erst wieder auf, als die Milieubedingungen ungünstiger wurden (Pulsationsrhythmus zwischen 4 Min. 20 Sek. und 8 Min. 10 Sek.). Ähnliches kann auch bei den Cyclidien selbst, die man längere Zeit im Deckglaspräparat gehalten hat, vorkommen, indem hier die kontraktilen Vakuolen ganz klein bleiben. Der Zellkern, sehr klein, ist nach einiger Übung am Lebenden als schwachopake kleine Scheibe zu erkennen, von einem hellen Hof umgeben (Abb. 6 e—g). Von den ganz unregelmäßigen Strömungen im Ernährungsplasma wird der Kern mit herumgeführt und dabei oft stark deformiert.

Das Bewegungsplasma ist durchsichtig homogen und von einem elastischen, festeren Oberflächenhäutchen bedeckt, das immer vorhanden ist; das Bewegungsplasma ist daher nicht imstande, Nahrungskörper zu umfließen. Bei Dunkelfeldbeleuchtung erkennt man, daß das vom Bewegungsplasma gebildete Lobopodium eine gewisse Höhe besitzt und nicht ganz abgeflacht ist, wie man bei durchfallendem Licht annehmen möchte.

Die Bewegungen, die sich im Bewegungsplasma abspielen, werden deutlich, wenn man ein Karminkörnchen verfolgt, das hinten auf dem Ernährungsplasma sitzt. Langsam wandert es während der Vorwärtsbewegung des Autoplasmas nach dem vorderen Rand, bleibt dann auf der Unterlage liegen, bis das Autoplasma über es hinweggewandert ist, um dann aufs neue nach vorn befördert zu werden. Da die Autoplasmen vielfach gradlinig vorwärtskriechen, kann sich dieses Spiel viele Male wiederholen. Wir müssen aus diesem Vorgange folgern, daß auch das Ernährungsplasma mit einem feinen Überzug von Bewegungsplasma bedeckt ist, der mikroskopisch nicht wahrgenommen werden kann. Die Vorwärtsbewegung der Autoplasmen vollzieht sich also als „Rollbewegung", wie sie für adhärierende Wanderformen von Amöben wiederholt beschrieben wurde.[1])

Das Aussehen des Autoplasmas verändert sich, wenn sie in die Nähe des Tropfenrandes kommen; hier wird das Lobopodium teilweise eingezogen und statt dessen bildet das Ernährungsplasma dauernd in ihrem Aussehen wechselnde digitopode Fortsätze. Dieser Zustand kann durch erneuten Wasserzusatz wieder in die normale Lobopodiumform übergeführt werden. Bei stärkerer Konzentration des Kulturwassers im Präparat infolge Verdunstung verschwindet bei allen Autoplasmen das Lobopodium vollständig. Die Konturen des Autoplasmas werden eckig und rissig und die kontraktile Vakuole wandert etwa in die Mitte des Körpers. —

Eine große Überraschung bedeutete es für mich, als ich am 20. Dez. in dem Aquarium, dem ich Paramaecien und Cyclidien zu entnehmen pflegte, und in dem junge Limnäen lebten, Autoplasmen in großer Zahl antraf. Sie saßen an der Wasseroberfläche und an der Glaswand und stimmten in ihrem Aussehen durchaus mit den künstlich erzeugten überein. Eine Woche später waren die Autoplasmen wieder verschwunden. Da es

---

1) Siehe J. Spek, Die Protoplasmabewegung. Bethes Handb. d. norm. u. path. Physiologie VIII, 1. 1925.

kaum möglich ist, daß das Aquarium durch von mir gezüchtete Autoplasmen infiziert worden ist, muß angenommen werden, daß die Cyclidien selbständig in dem Aquarium unter Autoplasmenbildung zerfallen sind. Das ist deshalb durchaus möglich, weil diese selbständige Autoplasmaentstehung mit dem Zeitpunkt der meisten Erfolge bei der künstlichen Erzeugung der Autoplasmen zusammenfällt. Als erstes Auftreten der Cyclidiumautoplasmen in den Präparaten sind in meinen Protokollen die Zeiten vom 3.—17. Dezember notiert. In 50 % der in dieser Zeit aufgestellten Cyclidienpräparate wurde eine Autoplasmabildung erzielt. Dagegen konnte weder im November noch im Januar und Februar auch nur eine einzige Autoplasmabildung beobachtet werden.

Zusammenfassung.

An drei verschiedenen Infusoriengattungen: *Paramaecium*, *Vorticella* und *Cyclidium* konnte gezeigt werden, daß der Tod der betreffenden Organismen nicht immer gleichbedeutend ist mit dem Tod ihrer gesamten lebenden Substanz. Vielmehr gelingt es unter bestimmten Bedingungen, alle drei Formen derart sterben zu lassen, daß ein Teil ihres Zelleibs am Leben erhalten wird; er enthält einen kleinen Zellkern, der wahrscheinlich dem Mikronucleus entspricht, und eine kontraktile Vakuole. Dieser am Leben bleibende Teil des Infusors arbeitet sich aus der Leiche heraus und nimmt alsbald eine charakteristische Gestalt an, die für alle drei Infusoriengattungen ungefähr übereinstimmt. Diese Autoplasmen, wie wir die selbständigen Infusorienteilstücke genannt haben, haben ungefähr die Umrisse eines Fächers, sind polar differenziert und bestehen aus einem breiten Lobopodium, dem homogenen Bewegungsplasma, das bei der ständigen Vorwärtsbewegung immer vorn sitzt, und einem festeren Ernährungsplasma, welches den hinteren Pol einnimmt und außer Nahrungskörpern Kern und kontraktile Vakuole enthält. Das Bewegungsplasma befindet sich, abgesehen von einem festeren Oberflächenhäutchen, im Solzustand; der Zustand des Ernährungsplasmas ist verschieden. Die Anordnung der beiden Plasmaarten hintereinander ist unveränderlich. Die Vorwärtsbewegung der Autoplasmen entspricht der Rollbewegung gewisser Amöben. Die Nahrungsaufnahme scheint nur an der Oberfläche des Ernährungsplasmas möglich zu sein, das außerdem infolge seines Klebvermögens einen ganzen Haufen Detritus an seiner Oberfläche festhalten kann, der von dem vorwärtskriechenden Autoplasma mitgeführt wird. Unter ungünstigen Lebensbedingungen wird das Bewegungsplasma eingezogen; alsdann werden von dem Ernährungsplasma Pseudopodien gebildet, die ständig ihre Form verändern. Eine Lokomotion findet in diesem Zustand nicht statt. Die Cyclidiumautoplasmen können ohne

Schaden vorübergehend eintrocknen. Die Autoplasmen pflanzen sich durch Zweiteilung fort. Sie konnten viele Generationen lang im Deckglaspräparat gehalten werden. In dem bestgelungenen Präparat waren sie bei Niederschrift dieser Mitteilung 2 Monate am Leben. Insgesamt konnten in 19 Präparaten Autoplasmen erzielt werden.

Schlußfolgerungen.

Die bei drei ganz verschiedenen Infusoriengattungen gemachten übereinstimmenden Beobachtungen schließen meiner Überzeugung nach jeden Zweifel aus, daß es sich hier um irgendeine Täuschung, etwa um einen Parasiten der betreffenden Infusorien handeln kann. Am überzeugendsten sind in dieser Beziehung die Beobachtungen an *Cyclidium*, wo der weitaus größte Teil des Infusorienkörpers sich in das Autoplasma verwandelt, so daß es kaum denkbar ist, daß ein Parasit in diesem Umfang von dem Wirtskörper Besitz ergriffe, ganz abgesehen davon, daß auch die ganzen Vorbereitungsstadien zur Autoplasmabildung gegen diese Auffassung sprechen. Für *Paramaecium* und *Vorticella* muß die Frage aufgeworfen werden, ob hier bestimmte Teile des Zelleibs zur Autoplasmabildung prädestiniert sind, oder ob etwa eine bestimmte Plasmaart dafür in Frage kommt. Die erstere Annahme scheint mir die wahrscheinlichere, wenn sie auch noch nicht bewiesen werden kann, und so möchte ich annehmen, daß die zuletzt entstandenen Nahrungsvakuolen zum Ausgangspunkt der Autoplasmabildung werden. So unterscheiden sich bei *Vorticella* jeweils die zwei, manchmal auch drei jüngsten Nahrungsvakuolen von den älteren durch eine Randzone hyalinen Plasmas und sind in diesem Stadium schärfer gegen das übrige Plasma des Zelleibs abgegrenzt (bei *Vorticella* entstehen gleichzeitig zwei, manchmal auch drei Autoplasmen). Hier ist auch gut zu beobachten, wie die vom Cytopharynx losgelöste, zunächst spindelförmige Nahrungsvakuole schnell an der Peripherie des Entoplasmas heruntergleitet, um an der Basis der entgegengesetzten Seite, etwa am Ende des Makronucleus, haltzumachen; erst wenn eine neue Nahrungsvakuole unterwegs ist, wandert die vorhergehende weiter und nimmt dann bald an der allgemeinen Cyclose teil. Vermutlich entspricht die hyaline Randzone der neuentstandenen Nahrungsvakuolen bei *Vorticella* dem Rheoplasma von *Paramaecium*, dessen Entstehung und Bewegung am Grunde des Cytopharynx Bozler[1]) beschrieben hat. — Die sehr wichtige Frage, auf welche Weise das Autoplasma in den Besitz seines Kerns gelangt, bedarf noch der Aufklärung.

[1]) Zeitschr. f. vergl. Physiol. 2. 25.

Infusor und Autoplasma sind sowohl in ihrer äußeren Gestalt wie in ihrer inneren Organisation recht verschieden. Wir könnten die Erscheinung der Autoplasmagenese als Partialtod der Infusorien bezeichnen, wenn diese Bezeichnung nicht schon für besondere Veränderungen im Kernapparat angewandt würde, wobei auch der Charakter der betreffenden Art erhalten bleibt. — Da es sich bei der Entstehung der Autoplasmen um ein Weiterleben eines Teils der Infusorienzelle handelt, wollen wir eine Beziehung herzustellen versuchen zwischen diesem Vorgang und den Erscheinungen der Regeneration. Bei allen Regenerationsversuchen, die mit positivem Erfolg ausgeführt worden sind, wurden Teilstücke verwandt, die Cortikalplasma und Entoplasma und einen Teil des Makronucleus enthielten. Das Autoplasma besteht indessen nur aus Entoplasma und enthält einen Kern, vermutlich den Mikronucleus, sicher nichts von dem Makronucleus. Es hat sich dabei gezeigt, daß diese Teile zusammen nicht mehr die Potenzen besitzen, um aus sich heraus wieder ein ganzes Infusor entstehen zu lassen. Damit bestätigt sich hier die schon öfters geäußerte Vermutung, daß mit dem Fehlen des Makronucleus die Regenerationsfähigkeit eines Teilstücks eines Infusors (wenigstens soweit die drei hier untersuchten Formen in Frage kommen) erlischt, und daß die Anwesenheit des Mikronucleus nichts mit der Formregulation der Teilstücke zu tun hat, wie das auch neuerdings Young [2]) und Moore [1]) annehmen. Da sich also der Cytoplasmateil mit dem „Mikronucleus" nicht mehr zu dem Ganzen, aus dem sie hervorgegangen sind, umzubilden vermögen, müßte er eigentlich, so sollten wir erwarten, zugrunde gehen. Das ist aber, wie wir fanden, nicht der Fall; im Gegensatz zu der bisher wohl vorherrschenden Anschauung hat sich gezeigt, daß die Anwesenheit des Mikronucleus ausreicht, um alle Lebensvorgänge in Gang zu erhalten. Der überlebende Bruchteil des einstigen Infusors besitzt somit die Fähigkeit, losgelöst aus der Infusorienleiche, selbständig weiterzuleben. Im übrigen war im Gegensatz zu den Regenerationsversuchen das Infusor als Ganzes schon tot, als es von dem Autoplasma verlassen wurde. Es bestand wenigstens bei *Paramaecium* und *Vorticella* schon vorher eine Zeitlang keine Beziehung mehr zwischen dem Autoplasma und dem übrigen Zelleib des Infusors.

Auch einem Explantat eines Metazoons können wir das Autoplasma trotz mancher Übereinstimmung nicht gleichsetzen, denn in dem Zeitpunkt, in dem es entsteht, ist der Organismus, dem es entstammt, bereits tot. Auch sind die Lebensbedingungen für Infusor wie Autoplasma die

---

[1]) Journ. Exp. Zool. **36**. 22.

[2]) Journ. Exp. Zool. **39**. 24.

gleichen. Infusor wie Autoplasma brauchen die gleiche Umwelt; ja im Falle von *Cyclidium* konnte gezeigt werden, daß das Autoplasma ungünstigen Lebensbedingungen gegenüber eine viel größere Resistenz zeigt als das Infusor selbst. Die Selbständigkeit des Autoplasmas geht soweit, daß wir es, wenn wir seine Genese nicht kennen würden, unbedenklich für einen selbständigen Organismus betrachten möchten. Da wir aber wissen, daß das Autoplasma aus einem Infusor entstanden ist, so müssen wir es vorläufig als selbständig gewordenen Teil eines Infusors betrachten, es sei denn, daß die weitere Forschung ergibt, daß Autoplasmen infusoriellen Ursprungs häufiger in der Natur selbständig entstehen und als „Amöben" weiterleben!

Zum Schluß wollen wir noch diese Frage kurz erörtern. Die Möglichkeit zur Autoplasmabildung in der Natur mag bestehen, und die Beobachtung über das vorübergehende Auftreten von Cyclidiumautoplasmen in einem der Zuchtgläser scheint in diesem Sinne zu sprechen. Dagegen spricht aber, daß offenbar die Autoplasmen von *Paramaecium, Vorticella* und *Cyclidium* noch nicht als freilebende Amöben beschrieben worden sind, was der Fall sein müßte, wenn sich dieser Vorgang häufiger in der Natur abspielte. In dem Protozoenwerk von Penard[1]) findet sich eine Abbildung von *Amoeba velata*, die bis zu einem gewissen Grade an die Autoplasmen erinnert; diese Abbildung soll aber nach Penard die betreffende Amöbe nicht in ihrer charakteristischen Form zeigen, und da außerdem, wie aus der Beschreibung hervorgeht, diese Amöbe in wichtigen Punkten von den Autoplasmen abweicht, so handelt es sich zum mindesten nicht um ein Autoplasma der drei hier untersuchten Formen.

Gehören aber die Autoplasmen, als selbständige Zellen betrachtet, überhaupt in die Kategorie der Amöben? Wohl nur mit einer gewissen Einschränkung, denn, wenn es auch eine Anzahl Amöben mit polarer Vorwärtsbewegung gibt, so scheint sie doch nirgends so ausgesprochen zu sein wie bei den Autoplasmen. Eine derartige Konstanz der Gestalt mit halbseitiger Lagerung der beiden Plasmasorten, wie sie bei normalen Autoplasmen regelmäßig vorkommt, ist für die Amöben zum mindesten sehr ungewöhnlich. Setzen wir das Ernährungsplasma der Autoplasmen dem Amöbenentoplasma gleich, so wäre es auffallend, daß dieses Entoplasma nicht allseitig von Bewegungs-Cortikalplasma umgeben ist. Auch der Umstand, daß der Prozeß der Nahrungsaufnahme auf das Ernährungsplasma beschränkt bleibt, ist ungewöhnlich.

Bei der Autoplasmaentstehung handelt es sich wohl um einen Vorgang, der, soviel mir bekannt, in dieser Form bisher weder bei tierischen

[1]) E. Penard, Faune rhizopodique du bassin du Léman. Genf 1902.

noch pflanzlichen Organismen beobachtet worden ist. Die besonderen Organisationsverhältnisse der Infusorien oder richtiger ihrer Organisationshöhe sind offenbar der Entstehung der Autoplasmen besonders günstig; hauptsächlich wohl der Umstand, daß sie zweierlei Kerne mit verschiedenen Funktionen besitzen, daneben vielleicht auch, daß nicht mehr alle Teile ihres Cytoplasmas bezüglich der Formregulation totipotent sind. So wird bei dem Prozeß der Autoplasmagenese aus einem Infusorienteilstück ein Gebilde im Werte einer Zelle, wohl mit allen Funktionen, die zum selbständigen Leben notwendig sind, aber mit einer wesentlich einfacheren Organisation, als sie den Infusorien zukommt.

Sitzungsberichte
der
Heidelberger Akademie der Wissenschaften
Stiftung Heinrich Lanz

Mathematisch-naturwissenschaftliche Klasse

*) *Jahrgang 1921 erschien im Verlage von Carl Winters Universitätsbuchhandlung in Heidelberg.*

Im Verlag von Walter de Gruyter & Co. vormals G. J. Göschen'sche Verlagshandlung — J. Guttentag, Verlagsbuchhandlung — Georg Reimer — Karl J. Trübner — Veit & Comp., Berlin erschienen:

Abteilung A. Mathematisch-physikalische Wissenschaften.

Jahrgang 1922.

1. Perron, Oskar. Neue Summationsmethoden und Entwicklungen nach Polynomen. Reichsmark 0·30
2. Perron, Oskar. Über transzendente Funktionen auf Riemannschen Flächen. Reichsmark 0·60
3. Baldus, Richard. Über die singulären Punkte reeller Parameterkurven. Reichsmark 0·50

Jahrgang 1923.

1. Deecke, W. Mitteleuropäische Meeresströmungen der Vorzeit. Reichsmark 0·60
2. Liebmann, Heinrich. Die Lie'sche Cyklide und die Inversionskrümmung. Reichsmark 0·40
3. Perron, Oskar. Über Gleichungen ohne Affekt. Reichsmark 0·40
4. Liebmann, Heinrich. Beiträge zur Inversionsgeometrie III. Reichsmark 0·40
5. Kratzert, J. Beitrag zur Kenntnis des Andesins von Bodenmais. Reichsmark 0·50

Jahrgang 1924.

1. Th. Curtius und A. Bertho. Einwirkung von Stickstoffkohlenoxyd und von Stickwasserstoffsäure unter Druck auf aromatische Kohlenwasserstoffe. Reichsmark 0·50
2. Liebmann, Heinrich. Umkehrung des Variationsproblems der ebenen Affingeometrie. Reichsmark 0·60
3. Salomon, Wilhelm. Die Itensitäten alluvialer und diluvialer geologischer Vorgänge und ihre Einwirkung auf die pliocäne Rumpffläche des Kraichgaues und Odenwaldes. Reichsmark 1·20
4. Heffter, L. Zur absoluten Geometrie. Reichsmark 0·60
5. van Werveke, L. Über die Entstehung der lothringischen Lehme und des mittelrheinischen Lößes. Reichsmark 1·50
6. Krull, Wolfgang. Die verschiedenen Arten der Hauptidealringe. Reichsmark 0·50
7. Roeser, Ernst. Übergang von der nichteuklidischen Streckentrigonometrie zur Winkelmessung. Reichsmark 0·30
8. Wellstein, Julius. Zur Differentialgeometrie der isotropen Kurven. Reichsmark 1·50
9. Ewald Rudolf. Die geodynamischen Erscheinungen des krystallinen Odenwaldes als Beispiel einer geoisostatischen Ausgleichsschwingung. Reichsmark 1·50

(Fortsetzung siehe 3. Umschlagseite.)

*) Bestellungen auf solche Veröffentlichungen der math.-naturw. Klasse, welche früher im Verlag von Carl Winters Universitätsbuchhandlung in Heidelberg erschienen sind, nimmt auch der Verlag Walter de Gruyter & Co., Berlin, entgegen.

10. Voelcker, Ilse. Über eine ganz junge Verwerfung bei Rauenberg im Kraichgau. Reichsmark 0·30
11. Liebmann, Heinrich. Die Aufschließung von Differentialinvarianten. Reichsmark 0·50

Abteilung B. Biologische Wissenschaften.

Jahrgang 1923.

1. Kossel, A. und R. E. Gross. Über die Darstellung und quantitative Bestimmung des Arginins. Reichsmark 0·30

Von Jahrgang 1925 ab findet die Trennung in Abteilung A und B nicht mehr statt.

Jahrgang 1925.

1. Heffter, Lothar. Zur absoluten Geometrie II. Reichsmark 0·50.
2. Roeser, Ernst. Die komplementären Figuren der nichteuklidischen Ebene. Reichsmark 0·50
3. Fladt, Kuno. Neuer Beweis f. d. Zuordnung von rechtwinkligem Dreieck und Spitzeck in der hyperbolischen Elementargeometrie. Reichsmark 0·30
4. Salomon, Wilhelm. Beobachtungen über Harnische. Reichsmark 0·70
5. Loewy, A. Beiträge zur Algebra. 1—4. Reichsmark 1·—
6. Hellpach, Willy. 2. Mitteilung zur Physiognomik der deutschen Volksstämme Reichsmark 0·30
7. Loewy, Alfred. Neue elementare Begründung u. Erweiterung der Galois'schen Theorie. Reichsmark 2·—
8. Curtius, Theodor u. Bertho, Alfred. Einwirkung von Stickstoffkohlenoxyd und von Stickstoffwasserstoffsäure unter Druck auf aromatische Kohlenwasserstoffe. Reichsmark 0·40
9. Roeser, Ernst. Die gnomonische Projektion in der hyperbolischen Geometrie. Reichsmark 0·70
10. Rasch, G. Über die Ausnützung der Gezeiten des Meeres zur Energiegewinnung. Reichsmark 0·80
11. Salomon, Wilhelm. Magmatische Hebungen. Reichsmark 1·20
12. Pütter, A. Altersbestimmungen an Drachenbäumen von Tenerife. Reichsmark 0·90
13. Volk, Otto. Über geodätische rhombische Kurvennetze auf krummen Flächen insbesondere auf Flächen konstanter Krümmung. Reichsmark 1·10
14. Roeser, Ernst. Die Fundamentalkonstruktion der hyperbolischen Geometrie. Reichsmark 1·40
15. Rüger, L. u. Rüger-Haas, P. Palaeosemaeostoma geryonides v. Huene sp. eine sessile Meduse aus dem Dogger von Wehingen i. W. und Medusina liasica nov. sp., eine coronatenähnliche Meduse aus dem mittleren Lias von Hechingen i. Württemberg. Reichsmark 1·50

Jahrgang 1926.

1. Krull, Wolfgang. Theorie und Anwendung der verallgemeinerten Abelschen Gruppen. Reichsmark 1·70
2. Klebs, Georg. Über periodisch wachsende tropische Baumarten. Reichsmark 1·20
3. Müller, Max. Über die Oberfläche von Flächenstücken. Reichsmark 1·20
4. Ernst, Max. Über Anlagen von Organen, die nicht zur Ausbildung gelangen. Reichsmark 0·50
5. Ernst, Emil. Die optischen Eigenschaften des Andesins von Bodenmais Reichsmark 1·10
6. Liepmann, Wilhelm. Leichengeburt bei Ichthyosauriern. Reichsmark 0·90
7. Klebs, Georg. Über die Längenperiode der Internodien. Reichsmark 2·40
8. Jost, L. u. v. Ubisch, G. Zur Windefrage. Reichsmark 0·80

FSC
www.fsc.org
MIX
Papier | Fördert gute Waldnutzung
FSC® C083411

Kolibri 360 GmbH
Ferdinand-Jühlke-Straße 7
99095 Erfurt, Deutschland
produktsicherheit@kolibri360.de